DENTRO DE
Madagascar Salvaje

BLACKBIRCH PRESS

An imprint of Thomson Gale, a part of The Thomson Corporation

THOMSON

GALE

Detroit • New York • San Francisco • San Diego • New Haven, Conn. • Waterville, Maine • London • Munich

THOMSON
GALE

LIBRARY OF CONGRESS CATALOGING-IN-PUBLICATION DATA

Into wild Madagascar. Spanish
  Dentro de Madagascar salvaje / edited by Elaine Pascoe.
     p. cm. — (The Jeff Corwin experience)
  Includes bibliographical references (p.) and index.
  ISBN 1-4103-0683-6 (lib. bdg. : alk. paper)
  1. Madagascar—Description and travel—Juvenile literature. 2. Natural history—Madagascar—Juvenile literature. 3. Wilderness areas—Madagascar—Juvenile literature. 4. Corwin, Jeff—Travel—Madagascar—Juvenile literature. I. Pascoe, Elaine. II. Title. III. Series.

DT469.M28I5718 2005
591.9691—dc22   2004029717

Printed in United States of America
10 9 8 7 6 5 4 3 2 1

Desde que era niño, soñaba con viajar alrededor del mundo, visitar lugares exóticos y ver todo tipo de animales increíbles. Y ahora, ¡adivina! ¡Eso es exactamente lo que hago!

Sí, tengo muchísima suerte. Pero no tienes que tener tu propio programa de televisión en Animal Planet para salir y explorar el mundo natural que te rodea. Bueno, yo sí viajo a Madagascar y el Amazonas y a todo tipo de lugares impresionantes—pero no necesitas ir demasiado lejos para ver la maravillosa vida silvestre de cerca. De hecho, puedo encontrar miles de criaturas increíbles aquí mismo, en mi propio patio trasero—o en el de mi vecino (aunque se molesta un poco cuando me encuentra arrastrándome por los arbustos). El punto es que, no importa dónde vivas, hay cosas fantásticas para ver en la naturaleza. Todo lo que tienes que hacer es mirar.

Por ejemplo, me encantan las serpientes. Me he enfrentado cara a cara con las víboras más venenosas del mundo—algunas de las más grandes, más fuertes y más raras. Pero también encontré una extraordinaria variedad de serpientes con sólo viajar por Massachussets, mi estado natal. Viajé a reservas, parques estatales, parques nacionales—y en cada lugar disfruté de plantas y animales únicos e impresionantes. Entonces, si yo lo puedo hacer, tú también lo puedes hacer (¡excepto por lo de cazar serpientes venenosas!) Así que planea una caminata por la naturaleza con algunos amigos. Organiza proyectos con tu maestro de ciencias en la escuela. Pídeles a tus papás que incluyan un parque estatal o nacional en la lista de cosas que hacer en las siguientes vacaciones familiares. Construye una casa para pájaros. Lo que sea. Pero ten contacto con la naturaleza.

Cuando leas estas páginas y veas las fotos, quizás puedas ver lo entusiasmado que me pongo cuando me enfrento cara a cara con bellos animales. Eso quiero precisamente. Que sientas la emoción. Y quiero que recuerdes que—incluso si no tienes tu propio programa de televisión—puedes experimentar la increíble belleza de la naturaleza dondequiera que vayas, cualquier día de la semana. Sólo espero ayudar a poner más a tu alcance ese fascinante poder y belleza. ¡Que lo disfrutes!

Mis mejores deseos,

DENTRO DE
Madagascar Salvaje

En el Océano Índico, al sudeste de la costa de África, hay una isla olvidada por el tiempo. Esta bella isla ha estado aislada del continente durante millones de años. Está repleta de reptiles y de otros animales maravillosos y extraños, una explosión evolutiva de fauna silvestre. Prepárate para ver animales que nunca antes has visto mientras exploramos Madagascar, la cuarta isla más grande del mundo.

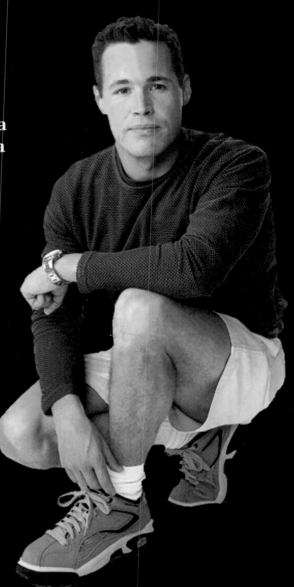

Me llamo Jeff Corwin.
Bienvenido a Madagascar.

La misteriosa isla de Madagascar está llena de animales que parecen ser prehistóricos. Bueno, no son exactamente dinosaurios; pero son lagartos y hay una gran cantidad de ellos— incluyendo más variedades de camaleones de los que verás en cualquier otra parte del planeta.

¡Esta isla es la central de los camaleones!

Montagne
D'Ambre
National Park
Parque Nacional
Montagne
D'Ambre

Ahh, mira esta hermosa selva tropical.

Comenzamos nuestra exploración en el Parque Nacional Montagne D'Ambre, que tiene más de 40 mil acres de selva tropical prístina. Apenas comenzando descubrimos algo asombroso, uno de los camaleones más grandes del mundo. Es el camaleón de Oustaleti. Mira su forma. Tiene una cabeza con forma de flecha que parece una armadura, con una gran cresta que nos indica que es macho. Los machos son más grandes que las hembras, llegando hasta casi 2 pies (0,6 metros) de longitud.

¡Observa este camaleón!

Los camaleones tienen pies extraños. Mira esos dedos—están fusionados. Básicamente, dos dedos se unieron en un manojo y los otros tres en un segundo manojo. Éstos se llaman pies cigodáctilos y son herramientas ideales para escalar.

¡Observa esos pies...

Los ojos de esta bestia son asombrosos. Cada ojo se mueve independientemente, así el camaleón tiene la extraordinaria habilidad de poder mirar hacia adelante con un ojo mientras el otro ojo gira y mira hacia atrás.

...y esos ojos que pueden mirar en dos direcciones distintas!

El color de un camaleón refleja su estado de ánimo.

¿Qué te parece que significa este color?

Los camaleones son animales muy emotivos, y demuestran esas emociones a través de sus colores. Tienen colores para la rabia, para la conquista y para la sexualidad cuando se encuentran en las etapas reproductivas.

Lo que hace de Madagascar un lugar único es que esta isla ha estado aislada del resto del mundo por millones de años. Se puede ver esta isla como un extraordinario experimento evolutivo que se volvió salvaje. Muchos de los animales que viven aquí, de hecho el 90 por ciento, no se encuentran en ningún otro lugar del mundo. Cada año, aunque parezca increíble, la gente de Madagascar descubre cinco nuevas especies.

Mira esta rana. Es una rana tomate, una hembra. Las hembras tienen cerca del doble de tamaño que los machos. Realmente nos recuerdan cómo es un tomate—rollizo, carnoso y rojo. Hace años, había muchísimas ranas tomate, pero hoy en día están comenzando a desaparecer. Creo que están muy cerca de ser incluidas en la lista de especies en peligro de extinción.

¿Ves porqué se las llaman ranas tomate?

Muchos científicos consideran que criaturas como esta rana son especies indicadoras, especies que nos dan pistas sobre la salud de un ecosistema. Esto es porque estas ranas son extremadamente sensibles a los cambios en el ecosistema, incluso a los de la calidad del aire. Sobreviven mediante un proceso denominado respiración cutánea, lo que significa que no sólo respiran a través de sus pulmones sino que también dependen del aire que atraviesa su piel. Por eso tengo mucho cuidado cuando sostengo esta rana. Si la agarro demasiado y tuviera sales, o jabón o alguna otra sustancia en mi mano, entrarían directamente al torrente sanguíneo del animal. No quiero que eso suceda, así que tengo muchísimo cuidado.

Estos animales respiran a través de la piel.

Como todos los anfibios, estos animales no tienen verdaderos dientes o garras. Pero tienen una muy buena defensa. Cuando un depredador decida tragarse este animal, se va a llevar una desagradable sorpresa. Las ranas tomate secretan una sustancia pegajosa y espesa que se torna gomosa al entrar en contacto con la saliva.

Las ranas tomate tienen una excelente defensa contra los predadores — ¡tienen un sabor horrible!

Recubre la lengua, los dientes y el paladar y hace que la cena sea muy desagradable. Un animal muerde y rápidamente suelta la rana cuando siente un sabor asqueroso como éste.

Está rana me saltó adentro de la boca. Pero, claramente, me reconoció como amante de las ranas, y no secretó más que un lindo beso húmedo.

Los dinosaurios solían deambular por aquí.

Aquí en Madagascar se descubrieron algunos fósiles de dinosaurio verdaderamente extraordinarios, incluyendo el más antiguo jamás encontrado, de cerca de 225 millones de años de antigüedad. Pero la fauna salvaje de hoy no es menos extraordinaria.

Éste es un tipo especial de mamífero.

Mira lo que tenemos justo frente a nosotros. Nada parecido a un dinosaurio, es un tenrec con sus bebés. Está buscando comida y sus bebés están diseminados por todas partes. Los tenrec pertenecen al orden de mamíferos que llamamos insectívoros, y eso por supuesto

Pequeños, pero con dientes filosos.

¿No es éste el tenrec bebé más tierno que hayas visto en tu vida?

nos da una pista acerca de lo que comen estos animales. Tienen bigotes muy sensibles que pueden detectar las leves vibraciones de insectos que son presas potenciales. Luego atrapan la presa con sus dientes extremadamente afilados, la mastican un poco y se la tragan entera. Un pequeño como este bebé puede tragar un gusano del doble de su tamaño. Estos animales tienen un metabolismo muy rápido, así que tienen que alimentarse continuamente para mantener su nivel de energía.

Los tenrec son un grupo de mamíferos antiguos. Han vivido en nuestro planeta durante millones de años, prácticamente sin cambios. Antes que este pequeño se separe de su familia, lo voy a soltar.

¡Vaya! Aquí hay un montón de lémures coronados.

¡Vaya!, justo arriba de nuestras cabezas hay una tropilla de lémures coronados, miembros de un grupo de primates muy antiguo y raro. Los lémures son prosimios, primates primitivos. Sólo se encuentran en Madagascar, y hay más de 30 tipos diferentes.

Estos son otro tipo de lémures llamados lémures de cola anillada.

¿Ves la V?

Hay lémures en todos estos árboles.

Estos lémures coronados tienen un patrón en forma de V de color naranja en la parte superior de la cabeza, de ahí deriva su nombre.

Hay una hembra a unos 15 pies (4,6 metros) de mi mano, mirando hacia abajo, y detrás de ella hay una de sus crías. En verdad hay lémures en todas estas ramas. A simple vista no ves nada, pero cuando miras más de cerca, aparecen. Estos animales son tan espléndidos, con sus colas largas. Son rápidos y ágiles, y se mueven por los árboles como si estuvieran bailando.

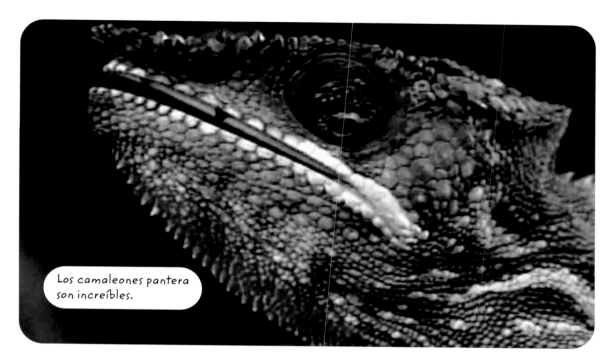

Los camaleones pantera son increíbles.

¡Huy, mira este lagarto! Es el *Furcifer pardalis,* el camaleón pantera. Tanto el camaleón macho como la hembra tienen colores vivos y hermosos. Hay una franja azul en el centro, un poco de verde y barras rojas y marrones.

Éste no sólo es el camaleón más grande de Madagascar, sino que puede agrandarse. Este muchacho se siente un poco amenazado.

Se está inflando para tratar de asustarme.

No sabe que pensar de nosotros. Quiere que creamos que es grande y malo, y lo logra inflándose con aire y extendiendo su papada, mostrando sus colores brillantes. Es muy grande y parece feroz. Pero esto es un engaño; no es peligroso.

Esta lengua carnosa es mucho más larga de lo que parece.

Mira dentro de la boca, y puedes ver la punta carnosa de la lengua, de media o un cuarto de pulgada (1,3 ó 0,6 centímetros) de largo. Pero esto es sólo la puntita. La lengua puede extenderse hacia fuera instantáneamente, como una serpentina, con una longitud mayor que la del cuerpo del animal. La lengua sale, atrapa un insecto y vuelve a entrar. Así es como come este animal.

En esta tierra que el tiempo olvidó hay 60 especies distintas de camaleones. Cada una es única y ha seguido su propio camino de supervivencia. Algunos viven en el follaje de la selva. Algunos sobre su suelo. Algunos son enormes. Otros son tan pequeños como un fósforo.

El camaleón más pequeño del mundo...

el Brookesia minima.

Mira este fantástico animal. Parece que estuviera mirando un títere hecho por un ser humano, pero este es un camaleón vivito y coleando. Es la especie de camaleones más pequeña del mundo, *Brookesia minima*. En general esta lagartija se encuentra a no más de 2 ó 3 pies (0,6 ó 0,9 metros) del suelo de la selva. No es un gran escalador y le gusta quedarse abajo y cerca de las hojas caídas. Su cuerpo es mucho más grande que sus extremidades. Parece a una ramita y lo extraordinario de este animal es que aún es tan pequeño como un nudillo, es todo un camaleón, perfectamente formado. Puedes ver como esos pequeños ojos giran en la cabeza.

¡Sí! ¡Encontré una serpiente!

Una boa arborícola.

Madagascar es como un Jardín del Edén, un lugar donde descubrimos una cosa fascinante tras otra. Tómate un instante y observa la forma de este animal. Es una de las pocas especies de constrictoras que habitan la isla de Madagascar. Es una especie espectacular llamada *Sanzinia boa,* o boa arborícola de Madagascar.

Esta serpiente no es venenosa, pero tiene dientes bastante largos. Si me muevo lentamente, quizás logre que se baje del árbol y se me

Las boas arborícolas son constrictoras.

suba a la mano. Es una serpiente muy fuerte, y usa la constricción para sobrevivir. En este instante está apretando una rama para subir. Cuando llega su hora de comer, constriñe a su presa en un abrazo mortal llamado constricción. Come de todo—aves, roedores y aún cosas que son dolorosas de tragar, como los tenrecs y los erizos. Incluso come primates, como pequeños lémures. Cuando está cazando, se queda completamente inmóvil cerca de la entrada de la cavidad de un árbol, perfectamente camuflado con su entorno, y espera. Cuando el pequeño lémur asoma la cabeza—¡zas!—la serpiente lo agarra.

Tal vez pienses que los camaleones son lo máximo en el arte de la coloración como protección, pero hay otros animales que viven aquí que llevan el camuflaje a una dimensión completamente nueva. Aquí hay un pequeño desafío para ti. Echa un rápido vistazo a esta

Hay lagartijas y camaleones por todos lados...

...especialmente en los árboles.

¡Súper camuflaje!

Mira esa cola.

enredadera y dime si puedes ver algo. Si viste una lagartija, estás en lo cierto. Si no la viste, no miraste suficientemente bien.

Este es uno de los muchos tipos diferentes de gecos de cola plana de Madagascar. Debo decir que tiene uno de los mejores camuflajes que jamás haya visto. Sólo mírale la cola, ahora entiendes qué se llama geco de cola plana.

Estoy realmente impresionado con el camuflaje. No sólo este

animal está equipado con distintos tonos de coloración en la piel para confundirse con la madera y la corteza, sino que también tiene algo de mimetismo. En el cuerpo tiene lo que parecen ser pequeños terrones de liquen y musgo. Lo que tiene en la cabeza parece liquen. Si miras a lo largo del cuerpo parece que hubiera pequeños parches de musgo. Este es el apogeo de la naturaleza, que una criatura tal como esta lagartija haya evolucionado desarrollando un patrón en la piel que se asemeje tanto al hábitat que lo rodea.

Aquí hay otra cosa que es asombrosa. Este animal no tiene párpados. En su lugar tiene un limpia-parabrisas— la lengua. ¡De hecho puede limpiar sus globos oculares y quitarse escombros con la lengua!

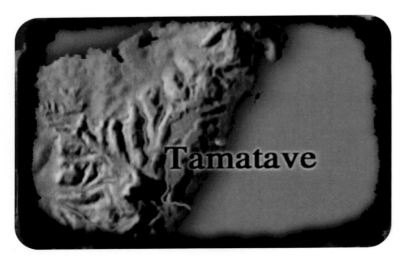

A continuación partimos hacia un pueblo llamado Tamatave, sobre la costa este de la isla. Vamos a ver unos animales distintos a todos los demás del mundo.

Estamos en el Parque Ivoloina, un santuario de fauna silvestre y parque biológico de 800 acres. Es una gran introducción al raro mundo de los primates que vimos anteriormente, llamados lémures.

¡Allí hay uno!

La misión principal de la estación biológica y del santuario de fauna silvestre de

Los lémures son primates

Ivoloina es la conservación de lémures, y allí lo hacen de varias maneras. Una es a través de la educación y de la reproducción de especies en peligro de extinción. También están rehabilitando algunos tipos raros de lémures.

Lindo muchachito, ¿no?

Mira esas colas.

Hay aproximadamente entre 30 y 33 especies de lémures. El número cambia todos los años ya que desafortunadamente se extinguen algunas especies y se descubren otras nuevas. Pero todos los lémures se encuentran en un solo lugar del planeta, en Madagascar. Los científicos creen que los lémures aparecieron por primera vez hace unos 55 millones de años, pero Madagascar se separó de África hace bastante más de 100 millones de años. Entonces,

¿cómo llegaron los lémures hasta aquí? Algunos científicos especulan que los antiguos primates pueden haber llegado aquí flotando sobre despojos o terrones de vegetación, y a lo largo de millones de años, evolucionaron en diversas especies de lémures.

No se puede encontrar a estos lémures en ningún otro lugar de la Tierra.

Cada especie tiene su propia manera de sobrevivir. Muchos son especialistas, como este lémur de bambú de mano gris. Es un especialista en el sentido que sólo vive en un tipo de hábitat, en el bambú. Se reproduce entre el bambú y come bambú. Tiene una estructura física para arrastrarse y maniobrar entre matorrales de bambú. Entonces devolvémoslo en el bambú.

Lémur de bambú de mano gris

Por aquí hay un sendero hacia un hermoso bosque, un buen lugar para encontrar lémures.

A estos lémures les encanta la fruta.

Atravesando el follaje que está sobre nosotros hay una tropilla de lémures de frente blanca. Mientras se mueven por los árboles de forma tan delicada como acróbatas, van comiendo. La dieta de estos animales está compuesta por una variedad de frutas. Les encantan las guayabas y los higos. Pero también comen néctar y brotes tiernos, y para conseguir un poco de proteínas, estoy seguro que deben consumir un par de insectos también.

Lo interesante de esta especie es que los machos y las hembras son de aspecto muy distinto. Tienen la misma forma, pero las

Las hembras son más oscuras...

...y los machos tienen coronas y frentes blancas.

hembras tienen pelaje marrón oscuro, mientras que los machos tienen más como una corona blanca. El largo del cuerpo es de unas 15 pulgadas (38 centímetros) desde la punta de la nariz a la base y tienen colas muy largas.

Mira lo que hace este macho con su pata—se rasca la cabeza con su dedo trasero. Es una uña de tocador, un dedo curvo que estos animales usan para acicalarse. Ésta es una característica única de los prosimios.

La mayoría de los lémures están activos sólo durante el día, pero hay algunos, que como el músico Wilson Pickett, prefieren la medianoche. No soy del tipo que le gusta estar enjaulado, pero por algo así, vale la pena. Estamos viendo al más misterioso de todos

Usar una uña de tocador le ayuda a mantenerse bonito.

Algunos lémures sólo salen de noche.

los lémures, el aye aye. Siempre quise ver un aye aye, y me encantaría ver uno en estado salvaje, pero son noctámbulos y extremadamente difíciles de encontrar. Son muy sigilosos y muy retraídos.

Ojos grandes para ver de noche.

Los aye aye pasan la mayor parte de su vida arriba entre el follaje. Tienen ojos grandes para ver en la oscuridad y tienen un excelente oído—pueden escuchar el sonido de los insectos que están buscando comida dentro de la corteza de los árboles. Algo muy peculiar acerca de estos animales es sus incisivos, que son casi como los de los roedores, extremadamente filosos, y crecen durante toda la vida del animal. El aye aye usa estos poderosos incisivos para literalmente descascarar la corteza, para esculpir y quitar la madera más dura para encontrar los insectos. Después mete ese dedo extraño y largo, cava un poco, saca el insecto y se lo come.

Orejas grandes para escuchar el sonido de insectos.

Hay otros lémures que se pueden encontrar aquí en Madagascar. Uno que realmente quiero ver se llama *Microcebus,* o lémur ratón. Para verlo debemos dirigirnos a otra parte increíble de Madagascar.

¡Pellízcame, no puedo creer que esto que está pasando sea cierto! Realmente atrapé un lémur. Éste se llama lémur mayor enano. El nombre no hace sentido— "mayor" y "enano" a la vez—pero así es. Lo acabo de agarrar y él no está seguro de cómo manejar la situación. Parece que me está diciendo: "por favor, señor, no hice nada malo, sólo estaba buscando un poco de fruta y algunos insectos. ¿Usted me va a comer?"

Este animal es de uno de los tipos de primates más

¡Yo mismo atrapé a este lémur mayor enano!

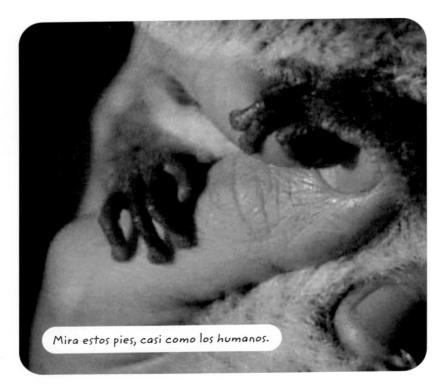

Mira estos pies, casi como los humanos.

pequeños del mundo. Es completamente noctámbulo, más común que el aye aye pero aún muy difícil de encontrar. Mira los pies—son casi como los pies de los humanos. Fíjate cómo están dispuestos sus ojos, mirando hacia adelante, como en la mayoría de los primates. Esto le da visión estereoscópica, campos de visión superpuestos que le permiten distinguir las distancias. Esta percepción de la profundidad le permite moverse por las ramas porque le da un mejor sentido de cuán lejos está cada rama.

En las buenas épocas, cuando hay abundante alimento para que este animal coma, puede almacenar hasta un 30 por ciento de su peso en grasa depositada en su cola. Esta grasa le sirve como reserva para las épocas en que el alimento está escaso.

Echa un vistazo rápido a este manojo de hojas y descubrirás que una de ellas no es como las otras. Ésta es una cigarra americana, un insecto parecido a un saltamontes que le da un nuevo sentido a la palabra mimetismo. Se parece tanto a una hoja que

¿Todas hojas? O quizás no...

incluso tiene el patrón de nervaduras de una hoja. Si miras muy de cerca podrás ver la nervadura central que pasa por el medio y las pequeñas nervaduras que se ramifican hacia los lados.

Pero espera, hay más. Observa la parte trasera de este animal. Su piel, o exoesqueleto, está aplastada, casi como si tuviera alguna enfermedad. Pero está en perfecto estado de salud. La piel seca y

La parte trasera parece una hoja que se está muriendo.

Probando un poco de Corwin...

cuarteada parece el extremo de una hoja que se está muriendo. No cabría duda, desde el punto de vista y el pensamiento de un depredador como un camaleón, de que este animal no es más que una hoja.

Está mordisqueando mis dedos. Sé que tengo muy buen sabor, pero amigo, tú eres herbívoro. Como no necesito una manicura, soltaré a este insectito.

Éste es uno de los distintos tipos de ranas arborícolas de Madagascar. Es una especie única de esta isla, la rana arborícola Boophis.

Tiene ojos grandes. Están dispuestos bastante adelante en la cabeza de esta rana, para ayudarle a ver hacia donde va. Si miras bien en el extremo de los dedos de este animal, verás unas ventosas. Estas ventosas le permiten pegarse a casi cualquier superficie por la que ande.

La rana arborícola Boophis tiene lindas ventosas.

Una rana muy flexible...

Este animal es muy flexible para ser una rana. Puede doblar los talones y mover la cabeza hacia adelante y hacia atrás, lo que no es común en muchas ranas. Es una grandiosa ranita.

Acabo de ver a una larga y espléndida serpiente meterse entre unos desechos...

¡Mira esto! ¿No es hermoso? Es una serpiente hocico de cerdo de Madagascar y es simplemente espléndida. Esta es una de las serpientes más largas que encontrarás en Madagascar. Las serpientes hocico de cerdo de no son agresivas, así que podemos mirarla muy bien y ver qué la hace tan hermosa.

¿Por qué la llamamos serpiente hocico de cerdo? Mira el extremo de su hocico, su rostro. Puedes ver que está ligeramente rizado hacia arriba como el hocico de un cerdo. Esta serpiente utiliza su nariz como una pala y es una maestra excavadora. Cava para construirse una pequeña guarida debajo de los desechos que están en el suelo de la selva, o para buscar presas.

Ésta es una de las serpientes más largas de Madagascar.

¿Ves su hocico?

A esta serpiente le encantan las ranas—para comérselas.

En la parte posterior de las mandíbulas de esta serpiente hay dos colmillos. La serpiente usa estos colmillos posteriores para pinchar a la presa. ¿Por qué necesita pinchar a su presa? A esta serpiente le encanta comer ranas. Cuando son capturadas, las ranas se inflan con aire, y entonces son difíciles de tragar. ¿Cómo te tragas un globo? Lo revientas. Eso es lo que hace esta serpiente con sus colmillos posteriores.

Voy a colocar a este animal en el lugar donde lo encontré y continuaremos la búsqueda.

¡Hey, mira esto! Dos culebritas chatas, un macho y una hembra. La mayoría de las serpientes que hay en Madagascar no son venenosas. Ésta es una de las pocas que sí lo es. Tienen colmillos posteriores y producen una toxina suave, pero lo suficientemente fuerte como para derribar a un pequeño pájaro, una rana o quizás una lagartija.

Estas culebritas chatas, ¿no son las mejores?

Lo que es extraordinario acerca de estas serpientes es que el macho y la hembra parecen de dos especies diferentes. Son sexualmente dimorfas, y eso en las serpientes es muy poco común. La hembra es más críptica, es decir más oscura, con buen camuflaje para confundirse con las cortezas. El macho es más vívido. Tiene el camuflaje en la parte superior, pero por debajo, su ombligo es amarillo como una banana.

La punta de la nariz de esta hembra tiene forma de hoja plumosa. La nariz del macho tiene una estructura con forma de púa, como la

Este tipo de serpientes es muy sensible a las vibraciones.

punta de las pantuflas de un duende. Las narices con forma de hoja de estas serpientes son muy sensibles a las vibraciones. Esta culebra se puede quedar inmóvil con su cabeza trabada en la punta de una rama, pareciendo solo una ramita. Cuando un eslizón o un pequeño camaleón roza esa pequeña nariz con forma de hoja, desencadena una respuesta de ataque. La serpiente inyecta veneno en su presa y se la come.

¡Ahora, mira esto! No es una ardilla. No es una ardilla listada. No es un ratón. Es un primate, amigos. Este es el lémur ratón pardo, y es uno de los primates más pequeños de nuestro planeta. De hecho, probablemente sea el más pequeño.

Este lémur es uno de los primates más pequeños del mundo.

Este individuo es pre-adulto. En esta etapa son extremadamente vulnerables porque no poseen sentido común. No saben que hay predadores por allí, como serpientes o aves de rapiña. Pero este pequeño desea estar protegido. Vive en cavidades, y durante el día lo puedes encontrar en un hoyo.

Esos ojos, y diminutas manos...
¿Ves el parecido?

Ahora mismo se está refugiando en la palma de mi mano.

Los seres humanos compartimos un lejano linaje genético con este tipo de animales. Cuando miras a esta criatura, con sus pequeños deditos y esos ojos que te miran inquisitivamente, no puedes sino sentir compasión por él. Vive en una región del mundo donde el hábitat está desapareciendo dramática-mente, donde queda menos del 30 por ciento del hábitat original. ¿Qué le depara el futuro a un maravilloso sujeto como éste, así como a los demás animales que han evolucionado tan magníficamente, tan extrañamente, tan maravillosamente en la isla de Madagascar?

Esperaba encontrar algunos animales más aquí en Madagascar, pero para ser sincero, no creo que pueda igualar este descubrimiento. El primate más pequeño, un lémur ratón pardo, no hay nada mejor que esto. Entonces, tal vez éste sea el momento de finalizar nuestra expedición. ¡Nos volvemos a ver en nuestra próxima aventura!

Glosario

conservación preservación o protección

dimorfo que se presenta en dos formas distintas

ecosistema una comunidad de organismos

especie en peligro de extinción una especie cuya población es tan pequeña que corre riesgo de extinguirse

exoesqueleto la parte externa dura que recubre a un insecto o animal

extinguido cuando no quedan más miembros vivos de una especie

follaje la parte superior de una selva tropical o bosque de algas marinas pardas

forrajear deambular buscando alimentos en el suelo

fósiles restos de animales antiguos encontrados en la corteza terrestre

hábitat un lugar donde las plantas y animales viven naturalmente juntos

herbívoro un animal que come plantas

insectívoro un animal que se alimenta de insectos

mamíferos animales de sangre caliente que amamantan a sus bebés

metabolismo proceso del cuerpo necesario para la vida, tal como obtener energía de los alimentos

néctar un líquido dulce producido por algunas plantas

primates un tipo de mamíferos como los monos, simios o humanos

prosimios miembros de un orden inferior de primates

rehabilitación curarse y recuperar las fuerzas

respiración cutánea respirar a través de la piel

santuario un lugar donde los animales están seguros y protegidos

selva tropical una selva donde llueve mucho

venenoso que tiene una glándula que produce veneno para auto defensa o para cazar

Índice